U0304297

图说海洋生物

Tushuo Haiyang Shengwu

魏建功 ◎ 主编

文稿编撰/孙巧巧
图片统筹/孙巧巧

中国海洋大学出版社
·青岛·

致 谢

本书在编创过程中，陈傲、郝康绮绘制了部分图片，在此表示衷心的感谢！书中参考使用的部分图片，由于权源不详，无法与著作权人一一取得联系，未能及时支付稿酬，在此表示由衷的歉意。请相关著作权人与我社联系。

联 系 人：徐永成

联系电话：0086-532-82032643

E-mail: cbsbgs@ouc.edu.cn

图书在版编目（CIP）数据

图说海洋生物/魏建功主编.—青岛 ：中国海洋大学出版社，2013.1（2019.4重印）

（图说海洋科普丛书/吴德星总主编）

ISBN 978-7-5670-0231-9

Ⅰ.①图…　Ⅱ.①魏…　Ⅲ.①海洋生物－儿童读物

Ⅳ.①Q178.53-49

中国版本图书馆CIP数据核字（2013）第024572号

出版发行	中国海洋大学出版社		
社　　址	青岛市香港东路23号	邮政编码	266071
出 版 人	杨立敏		
网　　址	http://www.ouc-press.com		
电子信箱	appletjp@yahoo.com.cn		
订购电话	0532-82032573（传真）		
责任编辑	董超	电　　话	0532-85902342
印　　制	天津泰宇印务有限公司		
版　　次	2013 年 4 月 第 1 版		
印　　次	2019 年 4 月 第 2 次印刷		
成品尺寸	185 mm×225 mm		
印　　张	6		
字　　数	105千		
定　　价	24.00元		

图说海洋科普丛书

总主编 吴德星

编委会

主　任 吴德星　中国海洋大学校长

副主任 李华军　中国海洋大学副校长

　　　　　杨立敏　中国海洋大学出版社社长

委　员（按姓氏笔画为序）

　　　　　朱　柏　刘　康　李夕聪　李凤岐　李学伦　李建筑

　　　　　赵广涛　徐永成　傅　刚　韩玉堂　魏建功

总策划 李华军

执行策划

杨立敏　李建筑　魏建功　韩玉堂　朱　柏　徐永成

启迪海洋兴趣　扬帆蓝色梦想

——出版者的话

是谁，在轻轻翻卷浪云？

是谁，在声声吹响螺号？

是谁，用指尖跳舞，跳起了"走近海洋"的圆舞曲？

是海洋，也是所有爱海洋的人。

走进蓝色大门，你的小脑瓜里一定装着不少稀奇古怪的问题——"抹香鲸比飞机还大吗？""为什么海是蓝色的？""深潜器是一种大鱼吗？""大堡礁除了小丑鱼尼莫还有什么？""北极熊为什么不能去南极企鹅那里做客？"

海洋爱着孩子，爱着装了一麻袋问号的你，它恨不得把自己的一切通通告诉

你，满足你所有的好奇心和求知欲。这次，你可以在"图说海洋科普丛书"斑斓的图片间、生动的文字里找寻海洋的影子。掀开浪云，千奇百怪的海洋生物在"嬉笑打闹"；捡起海螺，投向海洋，把你说给"海螺耳朵"的秘密送给海流。走，我们乘着"蛟龙"号去见见深海精灵；来，我们去马尔代夫住住令人向往的水上屋。哦，差点忘了用冰雪当毯子的南、北极，那里属于不怕冷的勇士。

　　海洋就是母亲，是伙伴，是乐园，就是画，是歌，是梦……

　　你爱上海洋了吗？

前言
qianyan

亲爱的小读者，请闭上眼睛想一想，你能说出多少海洋家族成员的名字？海牛、大白鲨、海豚、章鱼、海马……还有呢？想不起来了吗？快睁开眼睛，欢迎来到蔚蓝王国，海洋精灵们在这里等你！

海洋生物是一群迷人可爱的精灵，它们是海洋世界的主人。正是因为有它们，广袤的海洋世界才充满欢歌笑语，才会热闹非凡，生动多彩。海洋生物是个庞大的群体，据科学家统计，地球上的海洋生物有上百万种，假如要一一认识海洋成员，那可要花上很长时间呢。不妨先拜访一些声名显赫的家族吧。接下来，海洋哺乳动物、海洋鱼类、海洋鸟类、海洋虾蟹、海洋贝类、海洋植物几大家族会依次登场亮相。每个家族还会派出最具个性的成员来展示它们的绝活和风采。你不仅能一睹"潜水冠军"的英姿，欣赏海洋"甜心"的表演，还可以观察海底的鱼儿怎样发电、发光……

和海洋生物做朋友吧，它们需要你的疼爱和关心，也会给你带来快乐！

目录
mulu

海洋哺乳动物

　　海洋哺乳动物是海洋中的"风云人物"，是陆地返回海洋生存的特殊群体。"大哥大"抹香鲸是鲸类中的潜水冠军；一角鲸有神奇的长牙；海牛长相特别，真让人难以相信它就是传说中的"美人鱼"……

会喷水的潜水冠军——抹香鲸

蔚蓝的海洋中有一群巨兽，它们有着庞大的身躯和锋利的牙齿，是世界上最大的齿鲸；它们身怀绝技，是鲸类大家庭中的"潜水冠军"。它们就是海上一霸 —— 抹香鲸。

鲸王国的潜水冠军

"我能潜到2 200米的深海中长达1.5小时，是潜得最深、最久的鲸！"

把水柱喷歪的"大块头"

鲸的鼻孔长在头顶上，呼气时会喷水！

"我有两个鼻孔，右侧鼻孔生来就阻塞了，只有左侧的畅通。因此，我浮出水面时总是身体偏右，所以把水柱喷歪啦！"

抹香鲸与龙涎香

据2012年8月29日英国《每日邮报》报道，英国一8岁男孩在伯恩茅斯附近海滩玩耍时，捡到了一块龙涎香，价值高达4万英镑（约合人民币40万元）。

抹香鲸吃的一些食物不易消化，于是肠道分泌出一种蜡状物将食物残渣包起来，慢慢就形成了龙涎香。

北冰洋"独角兽"——一角鲸

在遥远又寒冷的北极海域，生活着一群神秘的"独角兽"。它们神出鬼没，游得飞快，尤其是头上的那只"长角"，仿佛能把一切物体刺穿。它们就是一角鲸。

走近独角兽

一角鲸体长4~5米，体重900~1 600千克。雄性有大长牙，有的长牙可达3米。

揭秘一角鲸的长牙

未成年时有两颗牙齿。

成年后

雄鲸左侧的牙齿会破唇而出长成长牙，极少数会形成双长牙。

一角鲸用长牙找"呼吸孔"

长牙最长、最粗的雄鲸能赢得更多雌鲸的喜爱。

海洋"甜心"——海豚

它长相可爱，聪明伶俐，还乐于助人，是大家喜爱的"甜心"。是谁这么讨人喜欢？它就是海豚！

走近海豚

虎鲸也是海豚家族的一员。

在海洋动物中海豚的大脑最发达。

今晚吃什么呢？

大脑由两部分组成，一部分工作时，另一部分可以休息。

"我会表演节目。"

"我喜欢做跳跃运动。"

温馨的海豚母子

"我会自己玩泡泡！"

海豚士兵

美国有一队由海豚组成的特殊士兵，从事多种军事活动，比如扫雷、保护潜水设施等。服役期一般为25年。

一头海豚士兵在执行排雷任务

海豚在训练

海豚在哭泣

人类的捕杀和环境污染使海豚面临生存威胁，几乎到了将要灭绝的境地。

哭泣的小海豚

日本市场出售的鲸肉和海豚肉

人与海豚

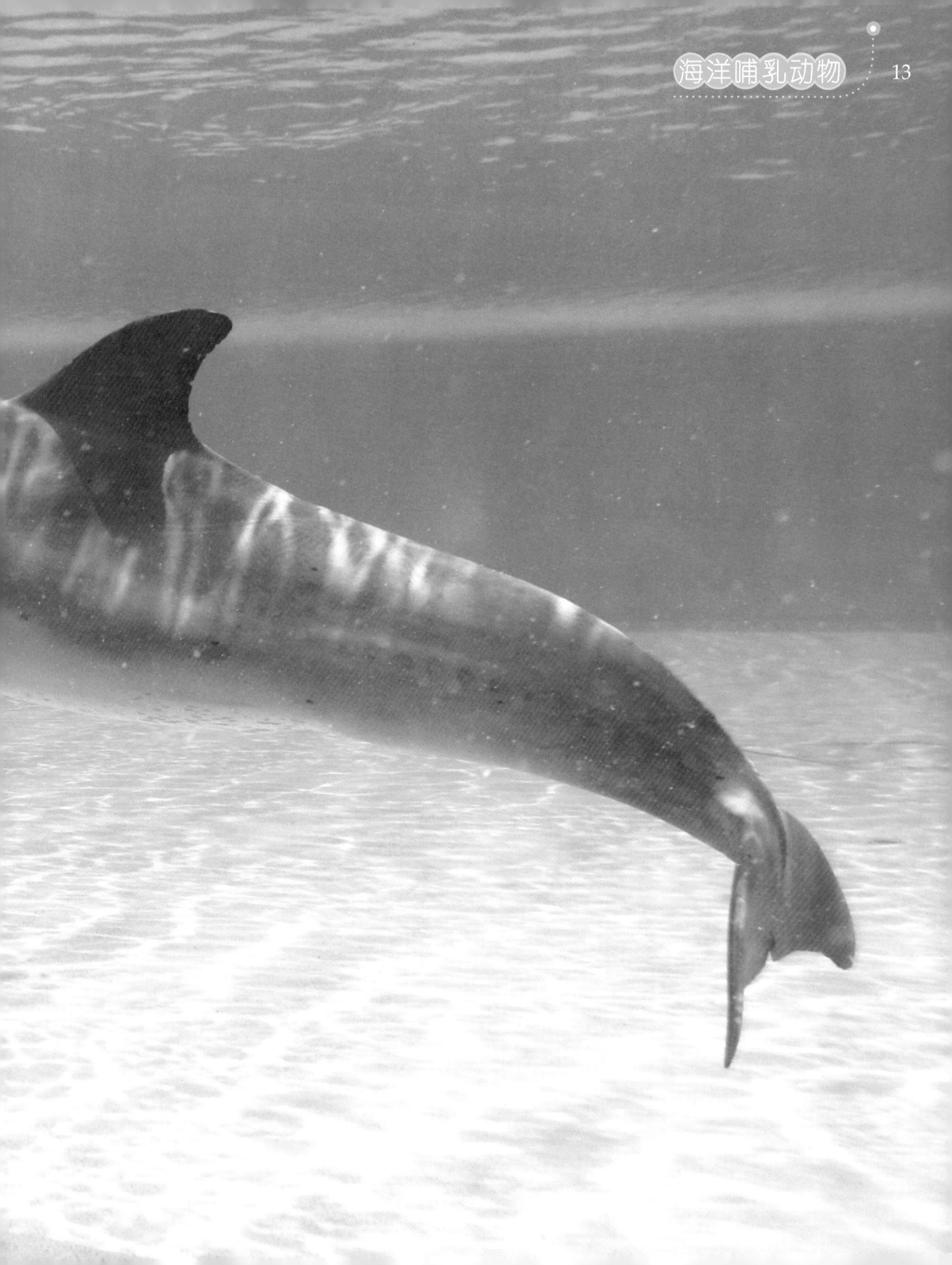

传说中的"美人鱼"——海牛

在童话世界里，"美人鱼"有天使般的容颜和百灵鸟般的歌喉，可你知道"美人鱼"的"真身"是什么吗？

"美人鱼"并不是鱼，而是一种大型水生哺乳动物，它的名字叫海牛。

"爱哭"的家伙

海牛"爱哭"，每当它把头探出海面时就会不停地流眼泪。其实，它的眼泪只是一种用来保护眼球的液体。

哎呦，人家不好意思啦！"

"海牛，你别哭。"

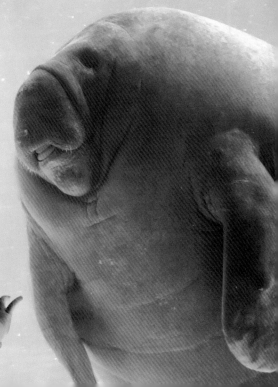

"水中除草机"

海牛吃海草时就像除草机一样，一片一片地吃过去。

小链接

非洲曾有一种水草阻塞河道。政府花了 100 万美元清理水草，但隔了两周，水草又长了出来。后来，人们在河道里放养了两头海牛，这一难题就迎刃而解了。

长只瞌睡大王——海象

海象是大型的鳍脚类动物。雄海象有4米多长，重4～5吨；雌海象身体略小一些，有3米多长。海象主要生活在北冰洋海域，喜欢短途旅行，因此在太平洋和大西洋中也会看到它们的身影。

海象是近视眼，两只小眼常常眯着，看上去像睡着了。

一群爱睡懒觉的海象

多功能长牙

成年海象都长有一对长牙。可别小瞧这对长牙哦，它们的功能可多啦！

用长牙寻找食物

用长牙和敌人战斗

用长牙凿开冰面

海象在陆地上非常笨拙，但在水中却非常灵活，快时1分钟能游400多米！

常见家族成员

蓝鲸，大叫时比喷气飞机的声音还大。

海狮，叫声像狮子吼。

儒艮（rú gèn），世界上最古老的海洋动物之一。

座头鲸，被赞为"海洋歌唱家"。

海豹，在南极最多。

海獭（tǎ），生活在北冰洋。

海洋鱼类

海洋鱼类是海洋中的精灵，从炎热的赤道到寒冷的两极，从海水表层到海底深渊都能看到它们灵动的身影。海洋鱼类中的"大哥大"是大白鲨。它非常凶残，几乎让所有的海洋成员都感到害怕。除了大白鲨外，还有很多奇特的鱼，它们有的会发电，有的会发光，有的还会"飞"！

海中杀手——大白鲨

它威名显赫，霸气的外表、锋利的牙齿、凶狠的攻击几乎让所有的海洋生物都害怕，它就是最大的食肉鱼——大白鲨。

走近大白鲨

大白鲨口中的任何一只牙齿脱落后，后面的牙齿就会自动补充过来。

牙齿的背面有倒钩

"虽然我叫大白鲨，但我的背部是暗灰色或者淡蓝色的。"

背暗肚白的肤色可以帮助大白鲨有效隐藏自己。

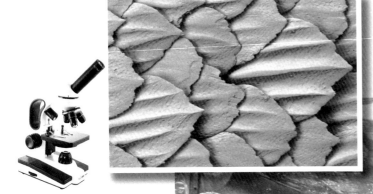

皮肤上有倒刺

大白鲨好奇心很强，喜欢用牙齿来啃咬感兴趣的东西。

当一只大白鲨受伤时，其他的大白鲨会立刻赶来把它吃掉！

高超的捕猎能力

大白鲨对气味非常敏感，其他的海洋生物即使流很少的血，也可能引来大白鲨。

大白鲨是唯一可以把头部直立于水面上的鲨鱼

会发电的鱼——电鳐

你听说过会发电的鱼吗？迄今为止，人们发现了三种会发电的鱼：电鲶、电鳗和电鳐。其中，电鳐被人们称为"活的发电机"。最大的电鳐长达2米。

电鳐为什么会发电？

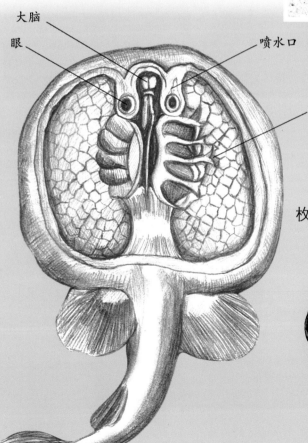

大脑
眼
喷水口
发电器官

电鳐的发电器是身体两侧的上万枚肌肉薄片，就像一个个"电板"。

黑斑双鳍电鳐

北大西洋的一种电鳐，放一次电的电量能把30个100瓦的灯泡点亮。

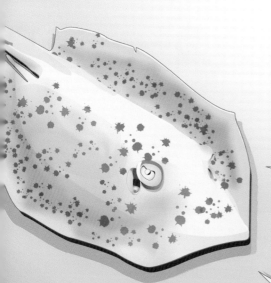

放电啦！

电鳐通过放电把水中的小鱼虾电晕，然后美美地吃上一顿。

为什么电鳐发电时电不到自己？

电鳐的"电板"之间充满了胶质物，可以起到绝缘作用。

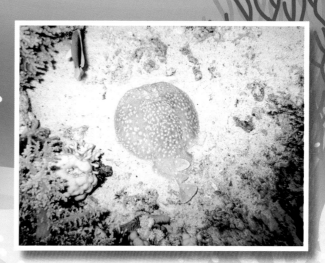

宝宝在爸爸肚子里的鱼——海马

海马是鱼？

海马，这个头长得像马，眼睛像变色龙，尾巴会弯曲的小动物竟然也是鱼，真让人不敢相信！

宝宝在爸爸肚子里

成年雄海马有腹囊（又叫育儿囊）；雌海马没有。

"亲爱的，让我听听宝宝的声音！"

海马爸爸的育儿囊

海马爸爸和海马宝宝

每到繁殖期，海马妈妈会把卵放在爸爸腹部的育儿囊中，经过50～60天的孵化，海马宝宝就出生啦！

"动眼神功"

海马的两只眼睛可以分别运动。

"好吃的在哪里？"

"周围有没有敌人？"

提着"钓鱼竿"的鱼——鮟鱇

鮟鱇长相丑陋，但它有种特殊的本领——能提着"钓鱼竿"自己"钓鱼"，厉害吧！

丑陋的长相

神奇的"钓鱼竿"

背上的鳍条彼此分开，特别是最前面的一根，一直伸到嘴边，好像"钓鱼竿"。

"钓鱼竿"末端膨大，能发出淡淡的荧光，像一只小"灯笼"。

鮟鱇"钓鱼"

鮟鱇把自己藏起来，只留发光的小"灯笼"在外边。小鱼看到光亮就会慢慢靠近。

慢慢地把小"灯笼"移到了自己的嘴前。

"啪"的一声，大嘴一闭，小鱼们都成了鮟鱇的美餐。

"有敌情，关灯！"

凶猛的捕食者——海鳗

海水透明度大时，海鳗会待在岩穴或泥沙中；风
浪大、水质混浊时，它会出来寻找食物。

海鳗快速咬住猎物

同时，隐藏在咽喉后的内颌伸出来勾住猎物，然后迅速将其拖入腹中。

气泡鱼——河鲀

身上长满了密密麻麻的小刺，情况不妙时，会吞进大量的空气或水，把自己变成带刺的球。它是谁？它就是气泡鱼——河鲀。

独门逃生术

胃　膨胀囊和胃是连在一起的

河鲀把水吸进膨胀囊中

"敌人来袭时，我会吞进大量的水或空气，同时我背上的细刺会变得坚硬扎手。这样敌人就很难抓到我啦！"

捕食本领强

"我会'动眼神功'，一只眼镜盯住目标，另外一只放哨。"

"饿的时候，我会吹得泥沙飞起来，然后捕食躲在沙中的生物。"

河鲀虽美味，食用须谨慎

"不尝河鲀，不知鱼味。"河鲀的肉质鲜美可口，有很高的营养价值。可是，河鲀却是一种毒性很强的鱼。

毒素主要存在于河鲀的性腺、脾脏、肝脏、肠胃、眼睛等部位和血液中。精巢和肉多为弱毒或无毒。

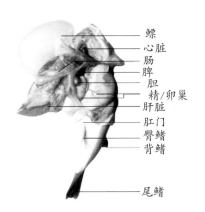

鳔
心脏
肠
脾
胆
精/卵巢
肝脏
肛门
臀鳍
背鳍

尾鳍

误食河鲀中毒后，一般很难治愈，所以千万要谨慎！

会"飞"的鱼——飞鱼

大千世界，无奇不有，有不会飞的鸟，也有会"飞"的鱼。

会"飞"的鱼

"飞行"的秘密

飞鱼并不是真正的"飞行"，只是滑翔而已。

飞鱼"起飞"前，会先加速向上游，然后"蹭"的一下，起飞成功。

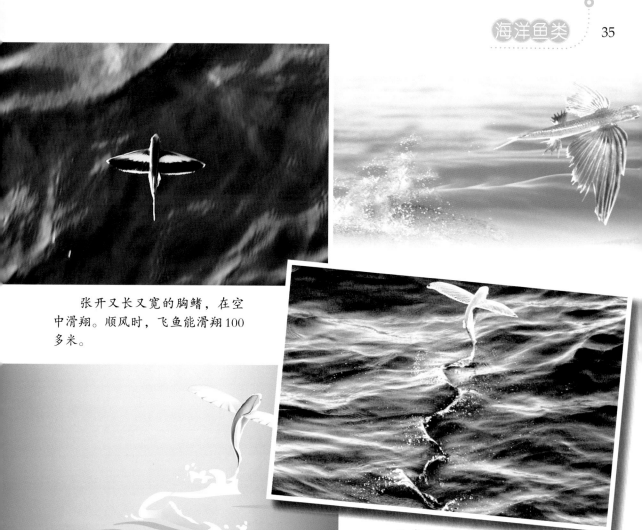

张开又长又宽的胸鳍，在空中滑翔。顺风时，飞鱼能滑翔100多米。

飞鱼通过尾巴的继续摆动来推动它短暂"飞行"。

有人曾做过试验，把飞鱼的尾巴剪去再放回海中，它便再也不能腾空飞起。

飞鱼并不轻易跃出海面，一般是碰到敌人袭击时才会飞。

飞出的意外

飞鱼不小心
飞到了甲板上

飞鱼不幸遇到了海鸟

游泳健将——金枪鱼

金枪鱼的腮肌退化，必须靠游泳时张着嘴，使水流经过腮部来吸氧呼吸，因此，金枪鱼一生只能不停地持续高速游泳。金枪鱼晚上也不休息，只是减缓游泳的速度。

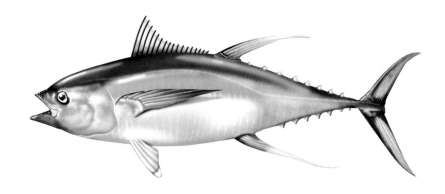

深海中的金枪鱼

金枪鱼一小时能游30～50千米，全力冲刺时能达到每小时160千米。

绝大多数鱼是冷血的，而金枪鱼却是热血的，它们的体温一般为33℃～35℃。

常见家族成员

剑鱼，有的上颌能向前突出1米多，像剑一般。

鲽鱼，两只眼睛长在身体同一侧。　　　　石斑鱼，有"海鸡肉"之称。　　　　眼镜鱼，像一块变色的眼镜片。

小丑鱼，与海葵有密切的共生关系，因此又称海葵鱼。

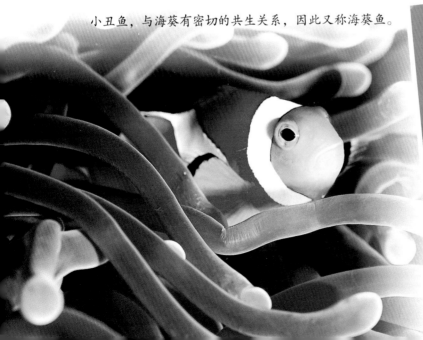

鮣鱼，头背部有吸盘，以此附着在其他鱼身上，被称为"免费的旅行家"。

海洋鸟类

海洋鸟类是卵生动物，孵化时宝宝总要用点力气才能破壳而出。长大以后，它们的身体变成了漂亮的流线形，不仅翅膀发达，还锻炼出了强健的胸肌和心脏。

海上安全预报员——海鸥

它 是蔚蓝海洋之上的白色精灵,是搏击风浪的勇士,还是海上安全预报员。它就是人类的好朋友——海鸥。

海上安全预报员

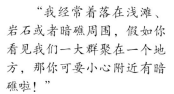

"我喜欢沿着港口飞行，所以遇到大雾天时不要怕，看到我就知道快到港口了。"

"我经常着落在浅滩、岩石或者暗礁周围，假如你看见我们一大群聚在一个地方，那你可要小心附近有暗礁啦！"

"我的骨骼是管状的，没有骨髓但充满空气，好像气压表，能帮助我及时预知天气变化。"

"假如看到轮船遇到不测，我会召集周围的伙伴赶过来，盘旋在失事轮船的上方，引导救援船前来援救。"

我和海鸥有个约会

海鸥是季候鸟，冬天来到时它们会迁徙到温暖的地区。

"海鸥，明年你还来找我玩吗？"

空中强盗——军舰鸟

军舰鸟是飞行速度最快的海鸟之一，但它却常常用自己的这项特长抢别的鸟的食物，因此被称为"空中强盗"。

繁殖期间，为了赢得雌鸟的喜爱，雄鸟的喉囊会鼓起来。

飞行健将

军舰鸟的胸肌发达，飞翔时如闪电一般。

空中强盗

军舰鸟的羽毛没有足够
的油脂，防水功能很差，因
此捕食时总是小心翼翼。

凭借自己快速飞行的
本领，它们打起了抢别的
鸟食物的"坏主意"！

鸟类笑星——海鹦

它灰白的两颊中间长有一张三角形的大嘴巴，上面有灰蓝、黄和红等颜色，看上去鲜艳美丽，不禁让人想起马戏团中的小丑。然而它的表情却很严肃，走起路来总是"一本正经"。它是谁？它就是被人们称为鸟类笑星的海鹦。

潜水本领强

海鹦不仅能在海上浮游、游泳，还能潜到水下寻找食物，是世界上潜水本领最强的鸟类之一。

它能轻而易举地潜入200米深的海水中，直到宽大的嘴巴被食物填满时才浮出海面。

海鹦经常横叼着10多条小鱼带给巢中的宝宝。

温馨的"三口之家"

海鹦妈妈一次只产一枚卵，因此在地面生活的海鹦一般都是"三口之家"。海鹦爸爸和妈妈非常恩爱，一旦结为夫妻，它们便忠贞不渝。

海鹦宝宝出生后的前六个星期由父母来喂养。有的爸爸妈妈每天四五次衔着深海中的鱼回来喂它们的宝贝，结果宝宝都长得比较胖。六个星期过后，宝宝开始单独生活，身体也逐渐变瘦，等到羽毛完全丰满时就会离开父母到海上独自谋生。

海鹦衔着枝条准备筑巢

海鹦宝宝

"三口之家"

崇尚集体生活

海鹦喜欢集体生活，不论是在迁徙途中，还是在栖息地，它们总是成群结队，统一行动。

集体行动是一种很有效的自卫方式，不仅可以显示家族的庞大和威力，还能标出它们栖息地的范围，警告其他海鸟不得入侵其领地。

常见家族成员

企鹅，不能飞翔，但擅长游泳和潜水。

贼鸥，经常抢夺其他鸟的食物和住所。

信天翁，有超强的滑翔能力。

海燕，能迎着暴风雨飞翔。

白头海雕，为美国国鸟。

褐鹈鹕，嗉囊发达，是捕鱼能手。

海洋虾蟹

　　海洋虾蟹用鳃呼吸，是卵生动物，头胸部发达的"盔甲"和10只灵活的步足是它们的家族特征。海洋虾蟹的身体由头胸部和腹部组成，只不过，虾族成员的肚子比较发达，蟹族成员的肚子退化藏到了头胸甲的下面。

虾中王者——龙虾

龙虾，身长一般20～30厘米，重0.5千克左右。有的龙虾能达到5千克以上，是虾类中的"大哥大"。龙虾有两只螯，左侧为刺螯，右侧为碎螯。

虾王风姿

多色的龙虾

肢体再生

龙虾可以丢下自己的肢体迷惑捕食者。

蟹将军——三疣梭子蟹

威武的蟹将军

蟹将军小习惯

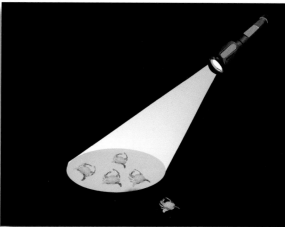

经常白天潜伏在海底，晚上出来寻找食物，且趋光性很强。

遇到敌人时，蟹将军会高高举起螯足和对方战斗。

要是打不过对方，它就赶快藏到海底的沙石下面或洞穴中。

常见家族成员

对虾，因过去人们以"一对"为单位买卖而得名。

绵蟹，头胸甲表面有短软毛。

细点圆趾蟹，头胸甲上有个H形沟。

锈斑蟳，胸甲上
有橘黄色的斑纹。

红星梭子蟹，俗称"三眼蟹"。

螳螂虾，颜色艳丽。

海洋贝类

海洋贝类家族成员都喜欢在海底爬行或者固着生活，主要有腹足纲、头足纲和双壳纲三个大家族。

腹足纲成员有螺旋形的外壳，如海洋"活化石"鹦鹉螺；头足纲成员的脚长在头上，如会放"烟雾弹"的乌贼和章鱼；双壳纲的家族成员有两扇漂亮的贝壳，如"海中牛奶"牡蛎。

海洋"活化石"——鹦鹉螺

鹦鹉螺在地球上经历了数亿年的演变，但外形、习性变化很小，因此被人们称作海洋"活化石"。

外壳形状像鹦鹉的嘴巴，因此人们叫它"鹦鹉螺"。

鹦鹉螺在吃一只螃蟹

鹦鹉螺怎样在水中运动

壳内有很多独立的"小房间"，由一根体管相通，鹦鹉螺通过控制气体排放来完成升降。

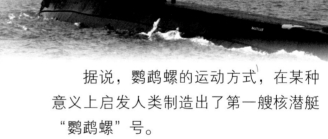

据说，鹦鹉螺的运动方式，在某种意义上启发人类制造出了第一艘核潜艇"鹦鹉螺"号。

神秘的鹦鹉螺壳

出土于南京东晋王兴之夫妇墓的鹦鹉杯。

数学家也着迷于螺旋纹，认为其中暗含了某数列。

身怀绝技——章鱼

它有着聪明的大脑，会向敌人放"烟雾弹"，还会变色。是谁本领这么大？它就是章鱼！

章鱼的体型相差很大，最小的仅有5厘米；最大的章鱼腕足伸展开来有9米多长。

章鱼常用腕
在海底爬行

章鱼的本领

本领一：遇敌喷墨，迷惑敌人

遇到危险时，章鱼首先会向敌人放出"烟雾弹"，喷出浓浓的墨汁迷惑敌人。

本领二：有高度发达的含色素细胞，能迅速改变体色

本领三：聪明的大脑

章鱼最神奇的地方在于它有三个心脏、两个记忆系统，大脑中有5亿个神经元，能够独自解决复杂的问题。

科学家的实验：把一只装着龙虾的玻璃瓶放到水中，但瓶口用软木塞塞住。章鱼围绕这只瓶子转了几圈后，用触手从各种角度拨弄软木塞，最后终于把塞子拔了出来，美美地吃一顿。

"海中牛奶"——牡蛎

欧洲人把它称为"海中牛奶",古罗马人把它誉为"圣鱼",日本人则把它称为"根之源"。是谁有这么多动听的名字?是牡蛎!

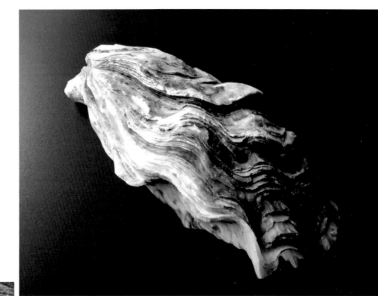

牡蛎的两扇贝壳,一面大而隆起,另一面小而平整。

非凡的贝壳

涨潮时，牡蛎过滤海水，从中取食。

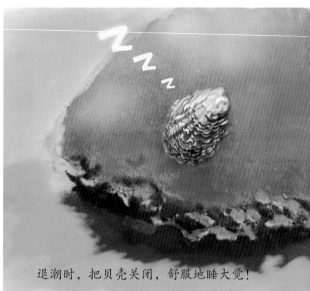

退潮时，把贝壳关闭，舒服地睡大觉！

　　刚出生时，小牡蛎能在水中自由游泳。它们找到合适的环境后，就开始附着在岩石或其他坚硬的物体上，安家落户。牡蛎一旦选中住处，就不会再移动。

大量的牡蛎附着在礁石上

常见家族成员

海菊蛤，珍贵蛤类，较少见。

鲍鱼，位居四大海味之首。

蛤蜊，被称为"天下第一鲜"。

扇贝，有很高的利用价值。

砗磲（chē qú），双壳类中最大的种类，壳长可达1.8米。

红螺，因壳口内面呈橘红色而得名。

海洋植物

　　在辽阔的海洋世界中，除了生活着许多动物外，还有异彩纷呈的海洋植物。海洋植物可以简单地分为两大类：藻类植物，海洋植物中的绝大多数，不开花也不结种子，以孢子繁衍后代；种子植物，种类很少，如红树等。

海岸卫士——红树林

红树林是生活在热带、亚热带滨海沙滩上特有的植物群落。因其中的树木大部分属于红树科，故在生态学上通称为红树林。

红树林能调节气候，净化海水和空气，降低赤潮的发生频率，还能防浪护岸，被称为"海岸卫士"。

枝叶表皮有排盐腺，所以不会被海水"咸死"。

"胎生" 的红树 "宝宝"

红树种子成熟后会留在母树的果实内萌芽

红树 "宝宝" 落地生根

碱性食物之冠——海带

海带是一种常见的海洋蔬菜，碘的含量很高，有"碱性食物之冠"的美称。

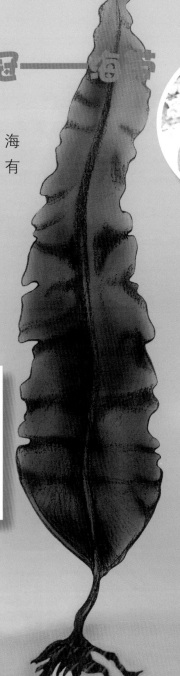

收获海带

海带美食

常见家族成员

紫菜，叶子扁平，像蝉的翅膀那样轻薄。

掌状红皮藻，富含多种营养成分。

裙带菜，叶片像裙带。

巨藻，是海藻中个体最大的一种。

浒苔，大规模出现时会破坏海洋生态环境。

海萝。

其他海洋生物

蔚蓝的海洋博大宽广，常住居民除了海洋哺乳动物、海洋鱼类、海洋鸟类、海洋虾蟹、海洋贝类、海洋植物之外，还有很多其他居民，比如，有着蓝色血液的鲎；浑身长满"小疙瘩"的棘皮动物海星、海参；以及神秘微小的海洋微生物。

蓝血"活化石"——鲎

鲎出现在古生代，当时恐龙尚未出现。4亿多年过去了，恐龙灭绝了，鲎却依然保持着古老的样貌在海洋中安静地生活。因此，人们称它为"活化石"。

鲎一旦"结婚"，就会形影不离。

雌鲎常背着"丈夫"爬行。

海滩上成群结队的鲎。

鲎是蓝血动物，
血液中含有铜离子。

再生高手——海星

海洋中有一位再生高手，生命力强大。它就是海星。

海星通常有5只"胳膊"，但也有4只、6只甚至十几只"胳膊"的海星。

海星吃东西时把胃从嘴里"吐"出来，包住食物，然后慢慢品尝、消化。

再生术

假如把海星撕成几块抛入海中，每一块又会重新长出失去的部分，成为一个完整的新海星。

一段时间后

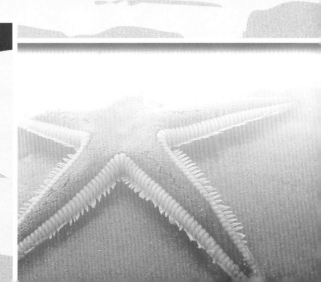

夏眠高手——海参

一只正在夏眠的海参

参家族有着6亿多年的悠久历史，算是海洋中的"元老级人物"！

夏眠的海参

海参不喜欢高温，水温超过20℃时，海参就会迁到凉快但没有食物的海底睡大觉。

"啊，秋天来了，我要活动活动啦！"

天气变凉后，海参会醒过来出去活动。

会变色的海参

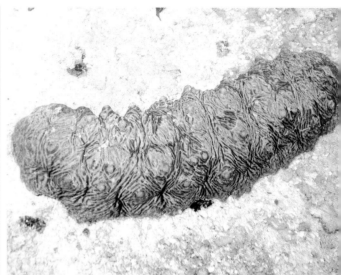

海参的"排异功能"

一段时间后……

"我不喜欢身上有
奇怪的东西！"

"把它们丢在一边！"

海洋微生物

海底世界中，有一个庞大的"微小"家族，是海洋中不可缺少的成员！海洋微生物是海水中只有借助显微镜才能看到的微小生物。

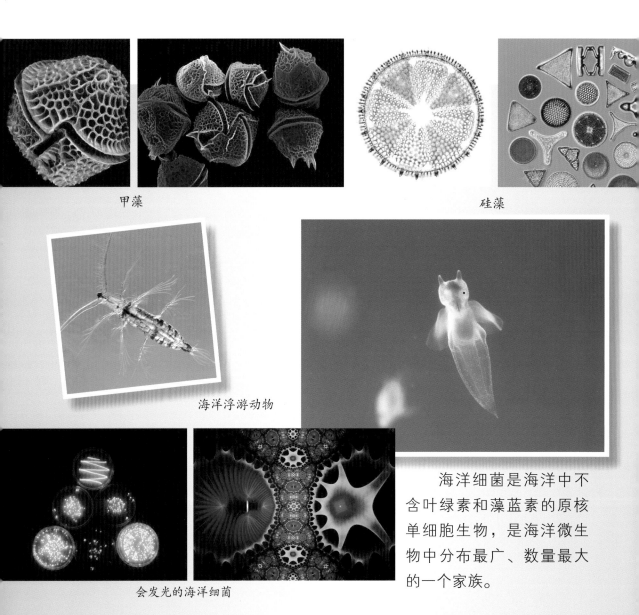

甲藻

硅藻

海洋浮游动物

会发光的海洋细菌

海洋细菌是海洋中不含叶绿素和藻蓝素的原核单细胞生物，是海洋微生物中分布最广、数量最大的一个家族。